AF591206

Le 45

PRÉCIS

DE

LA RACHIDIORTHOSIE.

PRÉCIS

DE

LA RACHIDIORTHOSIE,

Nouvelle méthode

POUR LE

REDRESSEMENT DE LA TAILLE

SANS LITS MÉCANIQUES NI OPÉRATIONS CHIRURGICALES,

PAR **M. J.-N. CHAILLY**,

DOCTEUR EN MÉDECINE DE LA FACULTÉ DE PARIS, MEMBRE DE LA LÉGION D'HONNEUR, ANCIEN MÉDECIN AUX ARMÉES, CHIRURGIEN DES PAGES ET DES ÉCURIES DU ROI, ANCIEN PROFESSEUR D'ANATOMIE PITTORESQUE DE L'ÉCOLE DU MODÈLE VIVANT DE VERSAILLES, ANCIEN ASSOCIÉ CORRESPONDANT DE LA SOCIÉTÉ DE LA FACULTÉ DE MÉDECINE DE PARIS, MEMBRE RÉSIDANT DE LA SOCIÉTÉ DE MÉDECINE DE PARIS, TRADUCTEUR DU TRAITÉ DES AIRS, DES EAUX ET DES LIEUX, ET DES APHORISMES D'HIPPOCRATE, ETC.;

ET PAR ***M. F. GODIER***,

DOCTEUR EN MÉDECINE DE LA FACULTÉ DE PARIS, ANCIEN MÉDECIN DU BUREAU DE CHARITÉ DU PREMIER ARRONDISSEMENT, MÉDECIN DE PLUSIEURS SOCIÉTÉS PHILANTHROPIQUES.

Citò, tutò et jucundè.

PARIS,

GERMER BAILLIÈRE, LIBRAIRE, RUE DE L'ÉCOLE-DE-MÉDECINE, 17.

1842.

ERRATA.

Pages xiij, ligne 19, au lieu de : *se fussent bornés*, lisez : *ils se fussent bornés.*

21, ligne 7, au lieu de : *et quant à l'intention, elle n'est qu'accessoire*, lisez : *et quant à l'intention de supporter les parties supérieures du corps, elle n'est qu'accessoire.*

51, ligne 1re, supprimez le mot *comme.*

INTRODUCTION.

Ce traitement, imaginé au milieu de circonstances imprévues, est le résultat d'une de ces combinaisons subites, si exactes, si convenables à leur objet, que l'expérience ne fait ensuite découvrir aucun motif de modifier la pensée primitive.

La carrière médicale de M. Chailly était déjà fort avancée, il l'avait parcourue sans s'occuper particulièrement d'Orthopédie, lorsque, il y a environ dix ans, à de très courts intervalles, il fut appelé à traiter plusieurs cas de déviation de la taille chez des jeunes personnes que leurs parens voulaient, quoi qu'il en pût arriver, faire soigner sous leurs yeux et par tout autre moyen que les lits orthopédiques. Uniquement préoccupé du désir de répondre à leur confiance, il se mit à chercher parmi les appareils laissés à sa disposition, celui dont l'emploi pourrait offrir le plus de chances de succès. Son choix arrêté, il s'occupa de l'application ; mais après le temps d'épreuve suffisant, il eut pour tout résultat le redressement d'une légère inclinaison et à peine une légère amélioration de celles qui étaient tant soit peu considérables.

Ce mécompte le mettait dans une situation pénible, mais ne le décourageait pas. L'Orthopédie était un art trop nouveau pour avoir atteint toute la perfection désirable. Il était évident pour lui, comme pour beaucoup d'autres médecins, que les machines compliquées qui y étaient employées ne répondaient pas aux effets qu'elles étaient destinées à produire. Il pouvait donc croire à la possibilité de trouver quelque chose de plus efficace et surtout de sujet à de moindres inconvéniens. Dans cette conviction, il détourna complètement son attention de tout ce qui avait été fait jusqu'alors, et il se mit dans la position où dut nécessairement se trouver le premier qui eut la pensée de redresser une taille déviée. Il se représenta la structure de la colonne vertébrale et du thorax dans l'état normal, la manière dont les vertèbres s'écartent de leur situation régulière, l'influence de ce changement sur tout le système, les phénomènes organiques qui l'accompagnent, et il crut voir, ou plutôt il vit en effet, que le meilleur moyen de rétablir l'ordre était de reporter les vertèbres à leur place, exactement par la même voie qu'elles avaient suivie pour s'en écarter. Il aperçut en même temps, quels devaient être les moyens d'action et leurs points d'appui, et comment la nature, aidée de ce secours, rétablirait les désordres organiques, assurerait les progrès journaliers et la stabilité de la guérison. C'est ainsi que son traitement a été inventé.

L'extrême simplicité de ce procédé le rendait propre aux circonstances qui avaient amené son invention ; il ne s'agissait plus que de le mettre à l'épreuve. Les premiers essais eurent lieu à domicile sur les jeunes personnes sur lesquelles d'autres moyens avaient été infructueusement employés. Le résultat fut décisif. Les cas les plus simples cédèrent promptement, et ceux qui, à cause de leur ancienneté, de l'âge des sujets et de plusieurs autres circonstances défavorables, semblaient n'offrir aucune chance de succès, éprouvèrent une grande amélioration.

Ces effets n'avaient rien d'équivoque ; son invention lui paraissait une chose utile à l'humanité, digne de prendre rang parmi les meilleurs procédés de la chirurgie et n'avoir besoin pour être généralement adoptée que d'être mise en évidence. Et pourquoi, maintenant qu'elle a la sanction du temps, et pour elle l'opinion d'un grand nombre des médecins et des chirurgiens les plus honorables de Paris, ne dirions-nous pas aussi qu'il pensait qu'elle donnerait quelque lustre à son nom?

Pour donner à son invention toute la publicité qu'il désirait qu'elle eût, il devenait indispensable de créer un établissement où les médecins et les chirurgiens pussent venir prendre connaissance des faits. Nous formâmes d'abord un établissement provisoire dans la maison de convalescence de Sablonville, rue de Seine, n° 8, où plusieurs jeunes personnes affectées de déviations furent aussitôt placées.

Ce premier pas fait, M. Chailly lut un mémoire sur la Rachidiorthosie à la Société de Médecine de Paris. L'impression en fut ordonnée, et une Commission fut nommée pour suivre les traitemens.

Une première réunion de la Commission eut lieu à la maison de convalescence. Elle prit connaissance de l'état des sujets et des moyens employés pour opérer leur redressement, et s'ajourna à deux mois pour faire une seconde visite.

La réalité de l'existence des déviations chez les jeunes personnes présentées aux commissaires ne pouvait être mise en doute. Ils ont eu à constater entre autres, chez une, âgée de 17 ans, d'une constitution athlétique, une déviation du dernier degré, contre laquelle, selon toute apparence et d'après le jugement qui en avait été porté par un orthopédiste instruit, tout moyen devait échouer. Une autre, âgée de 13 ans, épuisée par de longues souffrances, affectée d'une péritonite chronique, vomissant les alimens liquides les plus légers, était au milieu de ces circonstances défavorables, déviée au dernier degré et paraissait prête à succomber. Nous promîmes néanmoins de les redresser, non sans qu'il restât quelques traces de leurs difformités, mais assez pour qu'elles pussent paraître aussi bien conformées que le plus grand nombre des personnes de leur sexe.

A la seconde réunion des commissaires, qui

eut lieu à l'époque fixée, nous avions déjà pour ces jeunes personnes accompli une grande partie de nos promesses. La première, pour me servir de l'expression du président de la Commission, était *plus d'à moitié redressée*; la seconde avait aussi fait de notables progrès, et sa santé était rétablie au point de la rendre méconnaissable. Une troisième de celles qui avaient été vues précédemment se trouvait parfaitement guérie. *Le peintre ou le sculpteur le plus difficile*, d'après les expressions d'un de MM. les commissaires, *n'y aurait rien trouvé à redire.*

En suite de cette seconde visite, la Commission, par l'organe du commissaire-rapporteur, fit un rapport provisoire dont l'impression et l'insertion dans le journal où les travaux de la Société sont recueillis y ont été ordonnées.

Peu de temps après cette seconde visite, nous nous établîmes définitivement à Sablonville, rue de Seine, n. 6, dans le local voisin de la maison de convalescence.

Dans cette maison, exclusivement consacrée à sa destination, nos traitemens purent avoir plus de publicité. Il y a maintenant quatre ans qu'elle est ouverte, et, dans cet espace de temps, beaucoup de médecins et de chirurgiens de Paris et des départemens y sont venus prendre connaissance des faits. Nous pourrions nommer ceux d'entre eux qui sont le plus haut placés, ils nous ont autorisés à le faire. Nous nous en abstenons afin que s'ils croyaient devoir faire quelques restrictions aux éloges qu'ils nous ont accordés, la publicité donnée à leur première opinion ne fût point un obstacle à la manifestation de ce qu'ils croiraient en définitive être la vérité.

La même réserve, pour des motifs différens, nous est à plus forte raison imposée relativement aux noms des médecins qui nous ont donné des témoignages effectifs de leur satisfaction, soit en plaçant dans notre maison des jeunes personnes de leur clientelle, quelqu'un de leur famille, ou comme l'a fait un chirurgien d'une ville voisine, en nous confiant le traitement de leurs propres enfans.

Dans ces éloges unanimes et sans restriction, il existe quelque chose de plus que des formules de politesse, et dans la confiance qui nous a été accordée nous n'avons pû nous dispenser de voir le résultat d'une conviction bien établie. Ce n'était pas des hommes ordinaires capables de s'en laisser facilement imposer par de fausses apparences, que la plupart de ceux dont nous avons reçu ces marques d'approbation ; mais des médecins et des chirurgiens de la plus haute capacité, des membres des Académies des Sciences et de Médecine, des professeurs de la Faculté et des praticiens distingués de Paris. S'ils n'eussent pas vu dans notre traitement quelque chose de neuf, et dans ses effets des résultats plus qu'ordinaires, se fussent bornés à rendre justice à notre bonne intention et n'eussent point compromis leur noble caractère par des éloges et une confiance que rien n'aurait justifiés. Ce qui les a frappés dans notre traitement, c'est d'abord la simplicité de ses moyens, la facilité de leur emploi, et la conformité des données qui ont présidé à son invention avec les lois de la physique et de la physiologie; ensuite, chez les sujets un retour prompt et quelquefois inespéré à l'état normal, la guérison rapide des cas simples et l'amélioration à un haut degré des cas extrêmes, et en dernier lieu la stabilité des résultats.

La simplicité de notre appareil est tout ce qu'elle pouvait être relativement aux fins que nous nous étions proposées en le construisant. Ayant à exercer une pression en sens opposés alternativement à droite et à gauche sur la poitrine et sur les lombes, et à soulager la colonne vertébrale d'une partie du poids des parties supérieures, nous avons eu besoin d'un plus grand nombre de pièces qu'il ne s'en trouve par exemple dans l'appareil contentif de Delpech et dans un autre dit ceinture à inclinaison, et cependant, considéré en lui-même et quant aux indications auxquelles il est destiné à satisfaire, il est exact de dire qu'il est d'une extrême simplicité. Le même caractère se retrouve dans nos exercices avec cette différence, qu'ici la simplicité n'existe que dans ce qui frappe la vue. Mais sous cette apparence extérieure se cache tout un système d'actions combinées dans un but entièrement thérapeutique. L'exécution des exercices ne présente non plus aucune difficulté. Point de machines; rien de ce qui se trouve dans les gymnases ordinaires et dans les établissemens orthopédiques; la première place venue, point de maître particulier, la direction de l'orthopédiste suffit. En sorte que dès le premier jour, avec un peu de bonne volonté et d'attention, sans danger ni fatigue, la jeune personne la plus délicate peut exécuter parfaitement tout ce qui constitue notre gymnatisque. Quant à la théorie, elle était très facile à saisir. Le simple énoncé du principe suffisait pour qu'à l'instant on pût en découvrir les conséquences. Enfin, quoique ordinairement, surtout en ce qui est au delà du domaine des faits positifs, il soit rare qu'on puisse réunir toutes les opinions, nous avons été assez heureux pour obtenir un consentement absolu et unanime.

Confirmés dans l'opinion que nous avions conçue de notre invention par d'aussi importans témoignages, nous avons dû penser à en étendre la publicité. C'est dans ce dessein que nous publions le précis de la Rachidiorthosie.

Nous avons dit comment et dans quelles circonstances notre traitement a été imaginé, et quels en sont les caractères; nous allons dire maintenant quelle est notre opinion sur la cause la plus générale des déviations de la taille; nous parlerons ensuite de l'appareil, de l'exercice et du régime, puis nous examinerons quels sont les effects directs et les suites de l'emploi de ces moyens de redressement.

DE LA CAUSE LA PLUS COMMUNE

DES

DÉVIATIONS DE LA TAILLE.

Les courbures latérales du rachis ne se montrent guère au-delà de l'époque de la puberté; elles affectent les jeunes personnes de préférence aux jeunes gens dans la proportion d'environ dix-neuf sur vingt; les individus d'une constitution délicate et d'un tempérament lymphatique y sont le plus exposés; c'est surtout à l'approche de l'époque de la seconde dentition et vers l'âge de la puberté qu'on les voit se manifester, ou bien, à la suite des maladies de l'enfance comme après la rougeole et la coqueluche. Les climats septentrionaux, les localités froides et humides, le voisinage des eaux sulfureuses semblent exercer une grande influence sur leur production. Enfin, elles existent en plus grand nombre dans les villes très peuplées que dans les campagnes. Ce sont autant de faits sur lesquels tout le monde est d'accord. Mais il n'en est pas de même quant à la cause de leur direction, presque toujours dans le même sens. Pourquoi rencontre-t-on neuf déviations, dont la convexité de la courbure dorsale est dirigée à droite pour une qui affecte la direction opposée ? Plusieurs hypothèses ont été mises en avant pour expliquer cette singularité. On a proposé successivement tout ce qui peut déranger l'équilibre et le niveau des parties : les attitudes vicieuses volontaires, celles qu'exige l'étude de certains arts et de certaines professions, on a été même jusqu'à parler de l'inégalité naturelle du poids des viscères contenus dans l'un et l'autre hypochondres. Delpech est venu qui a rejeté toutes ces causes, ne les considérant tout au plus que comme capables de déterminer des inclinaisons sans fixité telles qu'on en remarque chez quelques artisans, pour y substituer l'inégalité native ou accidentelle de volume et de force des deux moitiés du corps. Voici ce qu'il dit, *page* 146 du premier volume de son *Traité sur l'Orthomorphie* : « la coexistence d'une grande différence entre les deux moitiés du corps et la formation progressive des difformités de l'épine, est un fait d'autant plus frappant que ces deux circonstances gardent des rapports de position constans : en effet, lorsque c'est le côté gauche, comme il arrive le plus souvent qui est plus petit, l'épine venant à se dévier, ne manque pas de se tourner à droite, *et vice versâ* »..... Mais son explication est évidemment fautive. Peu de mots suffisent pour le prouver. Il s'agit de trouver pourquoi les déviations avec courbure dorsale ayant la convexité tournée à droite sont les plus communes, c'est, dit Delpech, parce que le membre inférieur gauche est le plus petit. Or, tout le monde sait que la convexité de la courbure dorsale est toujours tournée du côté du membre le plus court, en sorte que la conséquence du principe qu'il a posé, serait le plus de fréquence des déviations avec courbure dorsale dirigée à gauche : précisément le contraire de ce qu'il avait le dessein de prouver. Ce que nous avançons ici ressort même de trois observations insérées dans son ouvrage, même volume, d'abord *page* 127, membre gauche le plus court, courbure dorsale ayant sa convexité tournée à gauche ; *page* 138, de même ; *page* 58, paralysie complète et athrophie de tout le membre abdominal droit, courbure dorsale avec convexité tournée à droite. La cause qu'il croyait avoir trouvée était donc encore à connaître. Peut-être l'avons-nous enfin rencontrée.

Il existe chez tous les sujets affectés de déviation un phénomène constant et caractéristique : c'est l'élévation du bassin du côté correspondant à la concavité de la courbure dorsale. Cela est sans exceptions, même pour les déviations les plus légères. Ce fait nous a paru être, dans la plupart des cas, le point de départ de tous les autres désordres, et nous étions occupés à en rechercher la cause, lorsque, dans l'intention de nous créer un mode rationnel d'exercice, et observant sous ce point de vue les attitudes des personnes affectées de déviation, nous fûmes frappés de l'analogie que nous remarquâmes entre la pose d'une de ces personnes qui était assise dans un fauteuil, et celle d'un enfant porté dans les bras. Elle avait une forte déviation à droite; voici quelle était sa position : elle portait sur le siége du fauteuil, par le côté droit du sommet de son bassin, la hanche gauche conséquemment très élevée, sa jambe gauche était fléchie et croisée sur la droite, sa poitrine était placée obliquement, l'aisselle gauche rapprochée de la hanche et le bras droit passé sur le dos du fauteuil. C'était exactement l'attitude d'un enfant porté sur le bras gauche, à la manière ordinaire. Andry, dans son *Traité de l'Or-*

thopédie, vol. Ier, *pages* 151-152, *Paris*, 1741, avait signalé le danger de porter constamment les enfans sur le même bras. « Il faut, a-t-il dit, porter les enfans tantôt sur un bras, tantôt sur l'autre, de peur qu'étant toujours portés sur le même bras, ils ne se penchent toujours du même côté, ce qui peut leur rendre la taille de travers. » On voit que ce n'était pour lui qu'une de ces attitudes dont la durée et la répétition trop fréquentes ne sont pas sans danger, mais qu'il ne la considérait pas comme cause du plus grand nombre des déviations. Quant à nous, nous crûmes voir dans cette analogie un rapport de causalité et nous nous sommes dit : on porte les enfans sur les bras, généralement de la même manière, presque toujours sur le gauche, et dans une période de leur existence où leur organisation peut être facilement modifiée. Pour les maintenir dans cette position, et de peur qu'ils ne se renversent à gauche où rien ne les retient, on exerce un certain degré de pression sur le bassin et on le relève de ce côté, afin de déverser leur corps à droite, où ils ont pour appui le côté correspondant de la poitrine et de l'épaule de la personne qui les porte. Le bras de cette personne, passant sous leur grand trochanter gauche et sur le côté externe de leur cuisse, les force à tenir la cuisse fléchie sur le bassin et dans l'adduction. L'élévation prolongée du bassin doit déterminer tôt ou tard l'affaissement du fibro-cartilage sacro-lombaire du côté où la pression s'exerce, et la direction forcée donnée à la cuisse gauche tend nécessairement à entretenir de ce côté la briéveté native des muscles fléchisseurs et adducteurs de cette partie sur le bassin, et à produire un allongement excessif des muscles extenseurs et abducteurs de la même partie, la rétraction des fibres de la capsule articulaire en dedans et en haut et leur allongement en dehors et inférieurement, et à déterminer en outre l'affaissement du rebord interne de la cavité cotiloïde. Si en effet ces altérations ont lieu, leur durée doit se prolonger quelque temps encore après que la cause qui est supposée les avoir produites aura cessé son action ; quelques phénomènes peuvent nous en indiquer l'existence : examinons les enfans d'abord pendant la durée de la cause, ensuite après qu'elle aura cessé d'agir. Voici ce que nous avons observé, d'abord chez plusieurs enfans qui étaient portés habituellement sur le bras gauche et que nous soulevions au-dessus d'un plan horizontal, en plaçant de niveau nos mains sur les côtés de leur poitrine au-dessous des aisselles. Dans cette situation ils se sont incontinent livrés à ces mouvemens vifs qui semblent destinés à dissiper la rigidité native des articulations des membres inférieurs et à procurer l'allongement des muscles fléchisseurs des jambes sur les cuisses et des cuisses sur le bassin; et ces mouvemens s'exécutaient d'une manière constamment inégale. Le pied droit atteignait fréquemment le plan au-dessus duquel il était placé et le gauche n'en approchait jamais qu'à quelque distance. Nous avons pu constater que cette inégalité tenait en partie à ce que le bassin se trouvait plus élevé à gauche qu'à droite, et en partie à ce que l'extension des cuisses avait lieu à un moindre degré du côté où le bassin avait perdu son niveau.

Nous les avons ensuite observés lorsqu'ils se livraient au mode de locomotion dans lequel ils progressent sur les mains et sur les genoux, et nous avons vu que le plus grand nombre tenaient constamment la pointe de leurs pieds dirigée à droite, et portaient le pied gauche plus en avant que le droit; que lorsqu'ils s'asseyaient pour se reposer de cet exercice, ils passaient d'une position à l'autre en tenant la jambe gauche fléchie et engagée sous la droite, et procédaient de la même manière pour reprendre leur première position.

Notre opinion trouvait déjà de quoi s'appuyer. Une semblable habitude devait avoir sa source dans quelques modifications accidentelles de l'organisation, et la cause que nous soupçonnions semblait se montrer sous les phénomènes qui frappaient nos yeux.

De là notre attention s'est portée sur les enfans qui commencent à marcher, mais ce fut infructueusement. Leurs mouvemens étaient trop incertains, leur démarche trop chancelante pour qu'il fût possible de saisir soit une attitude, soit un mouvement qui eût trait à la cause soupçonnée.

Nous ne fûmes pas surpris de ce mécompte. Les phénomènes dépendant des altérations que nous soupçonnions devoir exister dans l'organisme, ne pouvaient se traduire extérieurement que par des habitudes; et les enfans qui commencent à marcher n'en présentent encore aucune ni dans la station, ni dans la déambulation.

Il était probable que chez des individus plus âgés, et surtout, comme nous l'imaginions à tort, chez les jeunes personnes plutôt que chez les jeunes gens, nous aurions l'occasion d'observer quelques faits à l'appui de notre opinion. Rien n'était plus facile qu'une semblable investigation. Parmi le grand nombre d'enfans rassemblés dans les jardins publics de Paris, il se trouvait beaucoup de jeunes personnes qui marchaient librement, se livraient au jeu de la corde, ou se tenaient debout à regarder les autres. Voici ce que nous avons remarqué dans leurs habitudes : celles qui étaient dans la station, les mains libres et sans être appuyées, fesaient généralement porter le poids de leur corps sur le pied droit, la pointe de ce pied tournée en dehors et celle du pied gauche dirigée en avant. La même disposition relative des deux pieds avait lieu quand elles couraient et en sautant à la corde à pieds joints. Dans ce dernier exercice, on les voyait communément placer d'abord leurs pieds dans une direction uniforme, et porter ensuite à chaque saut le pied droit en dehors jusqu'à ce qu'il eût pris une direction oblique. Cette disposition des pieds était accompagnée chez plusieurs d'entre elles d'une saillie remarquable de la malleole interne du pied droit, et dans la station, leur pied gauche ne portait sur le sol que par son bord externe. Chez un petit nombre la taille paraissait avoir déjà éprouvé un commencement d'inclinaison, leur hanche gauche était visiblement plus élevée que la droite, et les plis des vêtemens et des ceintures à gauche annonçaient l'existence d'un léger enfoncement dans le flanc du même côté.

Ces deux dernières circonstances expliquaient toutes les autres. L'élévation du bassin du côté gauche nécessitait un mouvement du haut du corps en sens contraire ; la ligne de gravité tombant alors à droite, il devenait indispensable d'étendre de ce côté l'aire de la base de sustentation : de là, la direction oblique du pied droit en dehors. Et l'articulation coxo-fémorale gauche se trouvant au-dessus de son niveau naturel diminuait la longueur relative du membre inférieur gauche : le pied de ce côté n'aurait porté sur le sol que par son extrémité. Cette inégalité de longueur est compensée d'une part au moyen d'un mouvement de torsion du pied en dedans, en sorte qu'il pose dans toute sa longueur par son bord externe ; et de l'autre, au moyen de la flexion du genou droit qui diminue un peu l'excès de longueur du membre de ce côté.

Contrairement à ce que nous avions pensé, les mêmes phénomènes s'observent chez les jeunes gens. Il y a plus, nous les avons rencontrés et nous les remarquons encore tous les jours chez des personnes d'un âge mûr des deux sexes.

Enfin, et nous eussions été loin de nous y attendre, nous avons encore observé cette même inclinaison du bassin à la suite du traitement par l'extension parallèle chez les sujets que l'on fait marcher avec de hautes béquilles. Quiconque a fait attention à leur manière de progresser, a dû voir comme nous l'avons vu, qu'elles ont alors le bassin incliné à droite, et par conséquent la hanche gauche plus élevée que l'autre ; qu'ainsi la jambe gauche se trouve relativement plus courte que la droite, et que le pied du côté le plus court touche à peine le sol par son extrémité ; qu'après avoir placé les béquilles en avant et lorsqu'elles avancent le corps, elles transportent leur bassin de face, mais qu'aussitôt, comme elles ne posent un peu par terre que sur l'extrémité du pied droit, le côté gauche du bassin, la cuisse et la jambe gauche se portent en arrière par un mouvement de rotation sur un axe que nous avons présumé devoir passer par l'articulation coxo-fémorale droite.

Or donc, ce phénomène important, que nous avons vu se manifester dans le temps même de l'action de la cause qui le produisait, qui s'est ensuite offert à nous avec ses diverses circonstances après que cette cause avait cessé d'agir, qui ne disparaît complètement ni sous l'influence des moyens extenseurs, ni par l'action du temps; en un mot, l'inclinaison fixe du bassin, domine tous les désordres qui se rencontrent chez les personnes affectées de déviation de la taille avec convexité de la courbure à droite.

La cause que nous avons indiquée peut agir avec assez de puissance pour produire un effet semblable, surtout si son action a de la durée et quand elle l'exerce sur un être très malléable et susceptible de recevoir et de conserver les plus étonnantes modifications. On peut citer un grand nombre d'exemples de faits analogues à celui-ci d'où ressort incontestablement la possibilité de porter par un exercice continu, la flexibilité du corps et des membres d'un enfant bien loin au delà des limites naturelles, de même qu'en les assujétissant à un repos prolongé, on peut y déterminer un degré de rigidité presqu'absolu. Il est vrai que si l'exercice vient à être discontinué, les bornes de l'étendue des mouvemens se resserrent peu-à-peu et que si les parties rigides sont rendues à la liberté, le mouvement s'y rétablit : mais, dans aucun de ces deux cas, le rétablissement de l'état normal ne se trouve parfait. La pression exercée sur le côté gauche d'un enfant est de nature à produire un effet de cette seconde espèce et à déterminer, si elle était incessante, un degré de rigidité tellement considérable que son existence et son rapport avec sa cause ne pourraient être contestés. L'interruption fréquente de l'action de cette cause ne permet pas que les effets puissent acquérir ce degré d'évidence. Il n'en résulte le plus souvent que quelques légères modifications, faciles il est vrai à concevoir, mais difficiles à démontrer aussi longtemps qu'elles n'ont pas produit leurs conséquences ; en sorte que leur liaison avec leur cause est sensiblement insaisissable.

Cependant, ce qui se passe dans toutes les circonstances analogues doit avoir lieu, à quelques degrés dans celle-ci. Le bassin ne peut pas être tenu aussi longtemps et aussi fréquemment relevé vers la colonne vertébrale, sans qu'il en résulte quelques modifications dans les parties molles. Deux mois d'immobilité suffisent pour qu'après le traitement d'une fracture de jambe, le membre sain soit aussi inhabile à exercer ses fonctions que celui qui était fracturé, et il n'est pas rare de voir la même cause déterminer des rigidités incurables et même l'enkylose des articulations. Sans doute que dans le cas dont il est ici question, comme dans les cas analogues, la cause ayant cessé d'agir, les mouvemens reprennent leur étendue, et que l'acte nutritif, s'il y a des altérations organiques, peut les réparer; mais ici, comme partout ailleurs, le retour à l'état normal ne peut être parfait, au moins est-il certain que, dans le cours d'une longue pratique, nous n'avons point vu d'affections organiques disparaître sans laisser quelques traces. Ces restes, quant à notre objet, chez les individus bien constitués et qui n'ont à traverser dans leur enfance et dans leur jeunesse aucune circonstance profondément débilitante, peuvent n'avoir d'autres effets que quelques particularités dans leurs attitudes et dans leurs mouvemens : mais chez les sujets délicats, d'une constitution lymphatique et que viennent affaiblir encore les maladies, la dentition, une croissance trop rapide, un mauvais régime, un séjour mal-sain et de mauvaises habitudes, ce reste, si léger qu'on le suppose, comme il consiste dans un certain degré d'altération des formes et de pondération des masses, peut, en se développant, devenir une véritable difformité.

Nous ne croyons donc pas qu'il soit possible d'imaginer une explication plus plausible de la formation des difformités de la taille que celle que nous venons de donner. Nous la proposons avec confiance, non-seulement à cause du rapport d'attitude que nous avons remarqué et des faits intermédiaires qui semblent lier ensemble les deux termes, mais encore parce que notre traitement étant en partie basé sur des données déduites de notre manière d'envisager la cause et les effets dont il vient d'être question, nous avons vu les résultats répondre à notre espérance.

Ainsi, tout en reconnaissant qu'il existe des causes particulières des déviations de la taille, telles par exemple que le ramollissement partiel des fibro-cartilages, l'inflammation des tissus ligamenteux d'un des deux côtés des vertèbres, la paralysie partielle des muscles de la colonne d'un côté, ou la contracture des mêmes muscles du côté opposé, la rétraction des tissus pathologiques formés dans la poitrine autour des collections de pus et après qu'ils se sont vidés, nous considérons l'attitude des enfans portés sur le bras gauche et la pression exercée sur eux pour les y maintenir comme étant la source du plus grand nombre de ces affections.

DE L'APPAREIL.

Il est impossible de donner une idée générale de notre appareil au moyen d'une comparaison avec quel autre appareil portatif que ce soit. Etant destiné à satisfaire à une double indication et aucun de ceux en usage avant qu'il fût inventé n'ayant été construit dans le même dessein, sa forme et la leur devaient présenter des différences en rapport avec les diverses pensées qui avaient présidé à leur combinaison. On peut en juger par l'esquisse que nous allons tracer.

Au milieu d'une ceinture élastique coussinée, assez large pour remplir sur les côtés du bassin l'intervalle entre le grand trochanter et la crête de l'os des îles, contournée de manière à poser sans presser sur tous les points de sa circonférence, s'élève une colonne d'acier solidement fixée par sa base ; inflexible dans toute son étendue, présentant des sinuosités pareilles à celles de la colonne vertébrale dans l'état normal, armée de chaque côté à des hauteurs différentes d'un demi-cercle en acier élastique recourbé en avant et en dedans et à son sommet d'une pièce bifurquée dont les branches se recourbent en avant. Des boutons garnissent toute la face postérieure, l'extrémité des demi-cercles et la face supérieure des branches de la pièce bifurquée. Le demi-cercle de droite, pour les déviations de ce côté, est placé près de la ceinture et celui de gauche entre le tiers inférieur et le tiers moyen de la hauteur de la colonne d'acier. La disposition inverse a lieu pour les déviations à gauche : c'est en cela que consistent les points d'appui. Voici quels sont les moyens de pression et de suspension : D'abord une courroie de pression pour la région des lombes assez étroite pour n'occuper que l'espace entre la crête de l'os des îles et le rebord des côtes ; elle est fixée aux boutons inférieurs de la colonne d'acier, se dirige à gauche, puis en avant et vient se fixer au bouton de l'extrémité du demi-cercle de droite. En second lieu, une seconde courroie de pression pour la région dorsale ; elle se fixe aux trois ou quatre boutons les plus

élevés de la colonne d'acier, se dirige à gauche obliquement de haut en bas et de dedans en dehors, puis horizontalement en avant et en dedans pour venir se fixer au bouton de l'extrémité du demi-cercle gauche : elle est plus large en arrière qu'en avant et coupée obliquement à son extrémité aux dépens du bord inférieur. Enfin, deux courroies pour les aisselles, étroites et garnies de coussins. Elles partent d'un des boutons les plus reculés de chacune des branches de la pièce bifurquée, descendent obliquement en dehors, se portent ensuite en avant, se relèvent, et vont se terminer au bouton le plus près de l'extrémité de la branche d'où elles sont parties. La courroie axillaire gauche est en même temps moyen de pression et de suspension pour les déviations à droite, et la droite, pour les déviations à gauche. La pièce bifurquée est à coulisse et peut s'élever à mesure que la taille du sujet prend de l'accroissement, et le demi-cercle gauche est muni d'une allonge afin de pouvoir toujours opposer le point d'appui directement au point de pression.

Si, comme nous le croyons, cette description rapide, mais exacte et complète, peut donner une idée claire de la forme et de la composition de notre appareil, si ce que nous avons dit de la pensée qui a présidé à son invention a pu être facilement saisi, nous ne devons pas craindre qu'on le confonde désormais avec les diverses machines à pression latérale précédemment inventées. Ce n'est pas sur quelques traits isolés, mais sur l'ensemble, ou tout au moins d'après les points les plus saillans, qu'il faut établir la ressemblance.

En le considérant d'abord comme moyen de pression latérale, et laissant de côté comme hors de toute comparaison toutes les machines mal conçues et grossièrement exécutées, voyons quelles sont celles qui offrent quelques traits de ressemblance. Delpech, dans l'*Atlas* annexé à son *Traité de l'Orthomorphie*, a donné le dessin de trois appareils, l'un destiné à la suspension des parties supérieures du corps, et les deux autres à presser latéralement. De ceux-ci, l'un est à inclinaison et l'autre à pression latérale double. Il a donné ce dernier pour exemple des abus de la mécanique. « Nous n'avons, dit-il, *page* 106 de l'*Atlas*, placé ici le dessin de ce petit chef-d'œuvre de mécanique, que pour donner un exemple des abus déplorables dans lesquels on peut tomber, lorsque, avec beaucoup de talent d'ailleurs, on entreprend, sans lumières anatomiques, le traitement des difformités.... » L'avant-dernier est un corset à inclinaison. Il se compose d'une ceinture sans consistance, d'un tuteur disposé de manière à ce qu'on puisse l'incliner latéralement, et d'un corset proprement dit qui s'élève seulement jusqu'au niveau des aisselles. Delpech ne l'a jamais considéré comme moyen thérapeutique; il s'en servait seulement pour conserver les avantages obtenus par l'extension. Le premier est construit dans un but différent Voici ce qu'il en dit, *page* 105 du même *Atlas*, explication de la planche **LXXIII** : CORSET SUSPENSEUR, QUE NOUS AVONS EMPLOYÉ DEPUIS QUINZE ANS, ET SOUVENT AVEC SUCCÈS. Cet instrument était calculé dans l'intention de soutenir une partie du poids du tronc, de la tête, et des membres pectoraux, et de le transmettre directement au bassin sans la médiation de l'épine; d'appliquer, au besoin, une impulsion ascendante à la partie supérieure de l'épine, par la médiation des côtes, de n'employer jamais que des puissances élastiques et des forces progressives dans le but proposé. » Ce corset se compose d'une colonne à cric basée sur une ceinture en cloche, portant à son sommet une traverse à laquelle sont fixées deux courroies de suspension. C'est le seul qui ait quelques rapports avec notre appareil, mais en même temps, on y trouve de grandes différences pour la forme et pour l'intention.

Ici, la ceinture est peu solide, la colonne est droite et à cric, le support des courroies est transversal. Dans le nôtre, la ceinture est résistante, la colonne suit dans sa direction les mouvemens du corps, les supports des courroies s'élèvent obliquement en dehors, et se recourbent au-dessus des épaules ; et quant à l'intention, elle n'est qu'accessoire, puisque l'indication principale que nous avons voulu remplir est de ramener les parties déviées à leur situation normale par une triple pression latérale.

Nous ignorons s'il existe d'autres appareils ou corsets avec lesquels le nôtre pourrait entrer en parallèle. Mais dût-il s'en trouver qui fussent parfaitement semblables, il resterait encore à examiner s'il existe une gymnastique conçue sur le même principe que la nôtre ; et si, comme nous en avons la certitude, il ne s'en trouvait pas, notre traitement dont elle est une partie importante, aurait encore un caractère incontestable de nouveauté.

DE L'EXERCICE.

La partie de notre traitement confiée à la mécanique, n'ayant dans ses effets aucun des inconvéniens graves justement reprochés aux traitemens qui exigent un excès de repos, nous n'avions point de raison pour rechercher dans la gymnastique ordinaire un genre de secours qui eût été superflu et probablement inutile. Notre appareil laisse une liberté absolue d'exercice, dont les jeunes sujets qui le portent, ne manquent jamais de profiter, pour se livrer aux mouvemens de la vie ordinaire, ainsi qu'à la promenade et aux différens jeux propres à mettre leur système musculaire en action, assez pour développer leurs forces et donner à la nutrition le degré d'activité nécessaire à leur santé et au développement de leur corps. Non-seulement il ne leur cause aucune gêne, mais il leur procure un bien-être qui leur en rendrait la privation pénible, insupportable même; dans les premiers temps du traitement, ils le prennent à leur réveil et le quittent seulement pour se mettre au lit, en sorte que les parties ne cessent pas d'être maintenues dans les conditions où les met la pression perpendiculaire, excepté pendant le temps destiné au sommeil où elles n'ont plus alors à supporter le poids des parties supérieures. Mais il ne pourrait seul, dans les cas d'une certaine gravité, satisfaire à toutes les indications, de manière que, pouvant nous passer d'une gymnastique dynamique et prophylactique, nous nous sommes trouvés dans la nécessité d'avoir recours à un mode d'exercice dont le but est exclusivement thérapeutique.

La déformation de la colonne vertébrale donne lieu à des désordres de différentes espèces, qui se traduisent extérieurement par l'altération des formes, l'irrégularité des mouvemens et surtout par le vice des attitudes. Lorsque ces désordres sont légers et récemment établis, le redressement de la colonne vertébrale peut les faire disparaître; mais s'ils sont considérables et anciens, la mécanique, aidée de la gymnastique ordinairement employée dans les établissemens orthopédiques, ne peut plus les attaquer avec succès dans la déformation primitive à laquelle ils paraissent cependant si intimement liés. Les vertèbres, soit à cause de leur déformation ou de l'inégalité d'épaisseur des fibro-cartilages, ne peuvent plus être ramenées sur la ligne médiane ou au moins s'y maintenir. Et quand elles le pourraient, alors le rétablissement du reste de l'organisme dans l'état régulier, s'il pouvait encore avoir lieu, ne s'ensuivrait que très incomplètement et avec beaucoup de temps et de difficulté.

Le mode d'action et les attitudes vicieuses des sujets affectés de déviation de la taille ne sont, a-t-on dit, que des symptômes. C'est instinctivement qu'ils tiennent un pied plus en dehors et plus en avant que l'autre, qu'ils se reposent toujours sur le même pied, qu'en se mettant en marche ils portent toujours le même pied en avant le premier, que, pour remédier à l'inclinaison du bassin, ils fléchissent le genou et le portent en dedans du côté où la hanche est surbaissée; qu'ils portent une épaule en avant, tiennent une main tournée dans un sens, et l'autre en sens contraire; qu'enfin, ils penchent la tête toujours sur la même épaule, et c'est inutilement qu'on chercherait à changer des habitudes qu'ils ignorent eux-mêmes, et dans lesquelles la volonté n'est pour rien. Nous avons pensé, au contraire, que ces habitudes pouvaient être attaquées directement et que c'était le moyen le plus prompt, le plus efficace et le plus sûr d'arriver à notre but, même dans les cas les plus difficiles; et nous avons imaginé une gymnastique fort simple, qui consiste dans des poses et des mouvemens diamétralement opposés aux habitudes vicieuses de chaque sujet, et tels que seraient leurs habitudes s'ils étaient affectés d'une déviation en tout contraire à celle qu'ils présentent. De la sorte, tout se trouve calculé sans crainte d'erreur, de manière à exercer les muscles qui sont habituellement dans le repos ou dans une inaction complète, et à mettre dans l'inaction ceux qui sont ordinairement le plus exercés; à rendre aux muscles atrophiés, en y déterminant une nutrition active, leur consistance, leur volume et leur force, et à faire perdre aux muscles hypertrophiés leur excès de volume, de force et de consistance; à rendre aux muscles et aux ligamens l'étendue que le rapprochement de leurs points d'insertion leur avait fait perdre, et à disposer ceux dont les attaches se trouvaient trop éloignées à se rétracter; enfin à mettre la nature dans les dispositions les plus favorables à la réparation des désordres sur lesquels l'action musculaire ne peut exercer une influence directe et qui dépendent exclusivement de l'acte nutritif.

Dans l'application de ce système d'exercice, nous devions nécessairement rencontrer plusieurs obstacles provenant de la disposition morale des sujets. Les jeunes personnes dont la taille est déviée et chez lesquelles conséquemment existent les mauvaises habitudes qu'il s'agit de combattre, sont dans une illusion remarquable sur leur véritable état ; ou elles ne se croient pas aussi difformes qu'elles le sont réellement, ou même elles pensent être sous ce rapport, tout-à-fait irréprochables, et ce qu'il y a de plus étonnant, c'est de voir souvent leur famille partager la même opinion. Il faut du temps, et surtout le témoignage journalier de leurs camarades de traitement pour la leur faire perdre. Il arrive quelquefois qu'elles opposent une force d'inertie désespérante, et comme leur concours est indispensable ou plutôt qu'elles seules peuvent agir sur elles-mêmes, ceci n'est pas la moindre difficulté. D'autres craignent la fatigue et le malaise qui sont inséparables des efforts exigés pour garder une attitude dans laquelle il y a incessamment imminence de perdre l'équilibre, et tiraillement pénible dans les parties rétractées. Cet obstacle n'est que passager, chaque jour la gêne et le malaise diminuent, et ce qui était pénible finit par devenir un amusement. Quelques-unes de ces dernières, soit instinctivement ou avec dessein, dénaturent l'attitude ou le mouvement d'une manière quelquefois presqu'imperceptible, mais assez pour en changer l'effet. Cette dernière difficulté exige de notre part une grande attention. Enfin, on en rencontre quelques-unes qu'un désir extrême de guérir promptement, porte à employer une force excessive capable de fatiguer les articulations et d'épuiser, dans des contractions trop brusques et trop fortes, le peu de forces musculaires qui leur reste : ce point, comme on doit le penser, est facile à régler.

En général, chez les jeunes personnes surtout, on rencontre beaucoup de douceur et de bonne volonté. Elles comprennent très bien, si jeunes qu'elles soient, de quelle importance il est pour elles d'être redressées, elles sentent, sans qu'il soit besoin de les en avertir, que leur avenir en dépend. Et comme nous avons soin de leur faire remarquer les changemens que l'exercice opère sur elles, celles même qui d'abord s'y livraient avec indifférence, ont toujours fini par y mettre beaucoup de zèle.

Ces exercices ont lieu tous les jours immédiatement avant la pose de l'appareil, et le soir aussitôt que l'appareil est ôté.

Comme dans l'intervalle des exercices il leur arrive fréquemment de reprendre instinctivement quelques-unes de leurs mauvaises attitudes, autant au moins que l'appareil qu'elles portent alors leur permet ce délassement, on a soin, aussitôt qu'on s'en aperçoit, de les en avertir.

Le mode d'exercice pour chaque individu est réglé par la nature de sa difformité, et la durée de chaque séance est déterminée conformément à l'âge, à la force du sujet et au degré de l'affection. Nous avons l'attention de ne les pas laisser dans la même attitude au delà de ce qu'ils peuvent supporter sans fatigue. Si nous n'avions su que l'intermittence d'action est une loi générale de la nature à laquelle les muscles doivent obéir, nous en eussions été avertis par ce qui se passe dans nos exercices, où nous avons observé que, quand la durée excède les forces ou bien qu'il reste de la fatigue des exercices précédens, une pose n'est pas plutôt arrêtée qu'elle se dénature à l'instant. Il s'agit ici de détruire des effets produits avec le temps, et ce ne peut être qu'avec le temps qu'il soit possible d'y parvenir. Nous n'obtenons donc qu'une légère amélioration chaque jour; mais comme nous nous attachons à ne rien perdre, nous arrivons tôt ou tard, sinon toujours, exactement au but que nous nous sommes proposé d'atteindre, au moins aussi près qu'il est possible, et le temps nous tient compte de ce que nous l'avons pris pour auxiliaire, en assurant la stabilité des résultats.

DU RÉGIME.

Nous avons peu de choses à dire touchant le régime en général. Notre mode de traitement nous a permis de mettre en usage celui qui convient le mieux au plus grand nombre des cas de déviation de la taille, nous voulons dire le régime fortifiant. Que nous importe, en effet, le plus ou moins de résistance, si nous pouvons disposer d'une force capable de surmonter les plus grands obstacles, comme elle l'est de se proportionner à la faiblesse? Et quant aux exercices, l'élévation des forces générales du sujet ne change point les rapports entre les muscles faibles et ceux qui sont les plus forts. L'action des uns sur les autres reste toujours la même au milieu du progrès général. Non-seulement il ne peut, en aucune manière, contrarier le traitement, mais il a de plus l'avantage d'en assurer les résultats, s'il est constant, comme l'expérience le prouve, que la débilité des sujets est la plus grande de toutes les prédispositions aux rechûtes. Une alimentation tonique que ne contre-indique aucune circonstance particulière, doit, en développant les forces de leurs soutiens naturels, leur assurer pour la suite la stabilité du succès obtenu par le traitement.

Les occasions dans lesquelles nous avons dû nous écarter de la règle générale ont été rares, et ce n'a été que pour quelque temps. La plupart des affections des viscères qui existent chez les jeunes sujets dont l'épine est courbée latéralement, tiennent à l'état des nerfs vertébraux à leur passage par les trous latéraux, trop étroits ou trop larges de la colonne, à ce qu'ils sont pressés entre les côtes serrées les unes contre les autres, et à leurs rapports avec le système ganglionaire. Ces accidens cèdent au plus léger degré permanent de redressement de la colonne, et reviennent à l'instant s'il arrive qu'on prive le sujet de son appareil. Les commissaires de la Société de Médecine ont vu, dans notre établissement une jeune personne de 13 ans, chez laquelle les accidens les plus graves et qui menaçaient sa vie, ont cessé et reparu à deux fois différentes. Elle était entrée avec une péritonite chronique des plus graves, ne pouvait supporter que quelques cuillerées de boisson alimentaire, qui souvent encore étaient rejetées. L'appareil posé, les vomissemens cessèrent ; on fut obligé d'y faire quelques changemens, les vomissemens recommencèrent. Enfin, après avoir porté son appareil constamment pendant deux mois, les accidens avaient complètement cédé sans qu'il eût été besoin de recourir à d'autres moyens. Elle mangeait alors et digérait très bien les alimens qui composent le régime ordinaire de la maison.

DU PRONOSTIC,

PAR RAPPORT AU NOUVEAU MODE DE TRAITEMENT.

Il est extrêmement difficile de réunir toutes les données nécessaires à l'établissement du pronostic. D'abord l'étiologie, qui est la partie essentielle de la base sur laquelle il doit reposer, est souvent d'une obscurité impénétrable. Est-ce, comme le croyaient les médecins du siècle dernier, un vice rachitique qui produit le plus grand nombre des déviations de la taille, ou, comme l'a pensé Delpech, une disproportion essentielle ou acquise des centres nerveux, ou, comme on l'avançait il n'y a pas longtemps dans un mémoire présenté à l'Académie des Sciences, l'inégalité du poids des viscères contenus dans les hypochondres? Une seule chose est certaine, c'est que, chez le plus grand nombre d'individus déformés, on ne découvre ni cause générale, ni cause particulière de leur déviation.

Le pronostic devait être bien différent, selon qu'on admettait l'une ou l'autre de ces hypothèses. Le vice rachitique, à moins qu'il n'eût exercé des ravages extrêmes, pouvait guérir, et l'on était alors fondé à pronostiquer la guérison de l'inflexion du rachis dont il avait été cause. Mais il ne pouvait en être de même de cet état nerveux imaginé par Delpech; il était incurable de sa nature, on ne pouvait guère s'opposer à ses conséquences, et, dans ce cas, le pronostic devait toujours être fâcheux.

En second lieu, la profondeur du mal est difficile à sonder, et les phénomènes qui en signalent l'existence sont trompeurs. Souvent le sommet des apophyses épineuses se trouve régulièrement placé sur la ligne médiane du corps, ou s'en éloigne très peu. Si, sur cette apparence, on promet une guérison facile et prompte, le pronostic ne se réalisera pas; car en même temps d'autres signes qu'on aura négligés dénotent l'existence de l'accident auquel il est le plus difficile de remédier : la saillie du muscle sacro-lombaire d'un côté et celle formée en arrière par les côtes du côté opposé dénotent un mouvement de rotation du corps des vertèbres sur un axe qui passe par le sommet des apophyses épineuses. Il n'y a de possible que des conjectures sur l'état des vertèbres. Sont-elles déformées et de quelle manière? S'en trouve-t-il qui soient soudées par une ossification pathologique, à la distance où la flexion de la colonne les a mises les unes des autres? Toutes les expériences proposées pour en acquérir la certitude sont trompeuses. L'immobilité n'est souvent qu'apparente. La suite du traitement peut seule éclaircir les doutes sur ces différens points. Considérera-t-on alors la guérison comme impossible? On pourrait encore se tromper. La nutrition peut remédier au moins en partie à l'altération des formes des vertèbres, et prendre des dispositions pour compenser ce qui resterait d'inégalité dans leur épaisseur. Elle peut aussi, après que toutes les vertèbres mobiles seront replacées sur la ligne médiane, faire en sorte que le petit cercle formé par les vertèbres réunies et soudées entre elles ne soit pas un obstacle à la stabilité du redressement des courbures du reste de la colonne. La même incertitude existe sur l'état des parties molles. On ne sait le plus ordinairement si les fibro-cartilages sont gonflés sur un côté ou s'ils ont simplement cédé de l'autre côté à la pression ; si, de ce côté, ils ne sont encore qu'affaissés et capables de revenir à leur état primitif ou s'ils sont finalement détruits. On ne sait pas plus positivement quel est l'état des ligamens et des muscles de la colonne du côté des concavités des courbures, à moins, ce qui est extrêmement rare, qu'il n'existe dans les uns une rétraction tonique, et dans les autres une de ces contractures que, par une fausse induction, l'imagination a transportée du pied-bot aux déviations de la taille. Dans ce cas, la raideur et la dureté des muscles seraient faciles à reconnaître. Mais dans le cas contraire, c'est-à-dire dans presque tous les cas, bien que l'élargissement de la gouttière vertébrale du côté de la concavité de la courbure et son rapprochement de la peau rendent l'exploration facile, on ne peut reconnaître si les fibres musculaires sont dénaturées au point de n'être plus susceptibles de revenir à leur premier état.

Troisièmement, les signes commémoratifs, excepté en ce qui regarde l'hérédité et certaines causes pathologiques, ne fournissent guère de données plus certaines. Les parens sont uniquement préoccupés des habitudes vicieuses qu'ils ont remarquées chez leurs enfans. Ils ont pris ce qui était le signe d'une inflexion de la colonne pour une cause capable de la déterminer. Du reste, tout ce qu'il y aurait d'intéressant à connaître, ou leur a échappé ou est sorti de leur mémoire.

Enfin la nature des moyens de traitement doit aussi servir de base au pronostic. L'orthopédiste qui n'avait à sa disposition que l'extension parallèle corrigée par la gymnastique, considérant dans quel dépérissement le repos prolongé plonge le système musculaire, devait nécessairement donner peu d'espoir de guérison, toutes les fois qu'il se présentait des cas d'une certaine gravité. En effet, si ce traitement ainsi combiné prive les sujets au bout de quelques mois de leurs soutiens naturels, que serait-ce donc après trois ou quatre ans? et il ne faut pas moins pour ramener les déformations extrêmes à un état passable. Mais si, au contraire, les moyens dont on peut disposer influent favorablement sur le système des forces, et leur permettent le plus haut degré de développement qu'on puisse désirer, on peut encore, même dans les cas de déformations extrêmes, donner l'espoir d'une amélioration que l'action musculaire et la puissance réparatrice de la nutrition pourront rendre stable, surtout si le traitement est continué ou repris à de certains intervalles, jusqu'au parfait développement de l'organisme. Nous avons, dans des cas de cette nature, fait de semblables promesses, et nous les avons réalisées bien au delà de ce qu'il paraissait possible d'attendre.

Il ne sera pas hors de propos d'examiner ici une question qui est d'une grande importance, paraît assez claire, mais est néanmoins différemment controversée ; la voici : doit-on traiter les déviations légères chez les jeunes enfans, ou les abandonner à la nature ? en d'autres termes, doit-on pronostiquer dans le cas en question le rétablissement spontané des formes normales ? On voit, il est vrai assez souvent, un changement d'habitude, des conditions hygiéniques meilleures, un grand développement des forces musculaires au milieu desquels la faiblesse locale qui avait causé l'inclinaison disparaît, suffire pour rétablir la régularité des formes. Mais aussi, combien de fois l'espérance n'a-t-elle pas été trompée ? Les exemples ne sont pas rares d'enfans qui, abandonnés complètement à la nature, ou dont le traitement avait été confié au charlatanisme, ont passé en quelques semaines de cet état, si peu inquiétant en apparence, à celui de déformation consommée. La crainte des effets du repos et des moyens extenseurs sur des êtres d'une grande délicatesse, a pu déterminer les hommes de l'art à porter un semblable pronostic. Nous pensons que, lorsque leur conviction sera formée sur la nature et les effets de notre traitement, ils en porteront un tout-à-fait opposé. Comment en effet balancer à conseiller l'emploi de moyens absolument inoffensifs, et qui peuvent, en quelques mois, en rétablissant la régularité des formes, mettre les enfans dans les mêmes conditions que ceux chez lesquels elle se serait toujours conservée.

DES EFFETS

DU NOUVEAU MODE DE TRAITEMENT.

La combinaison d'une triple pression perpendiculaire avec l'allégement du poids des parties supérieures du corps, jointe à un mode particulier de gymnastique, donne lieu, dans son application, à quelques phénomènes dignes de remarque, et que nous croyons étrangers aux autres traitemens. Nous allons les exposer brièvement; mais, auparavant, nous devons dire quelque chose des inconvéniens reprochés en général aux appareils de la catégorie à laquelle on veut que le nôtre appartienne. En voici le tableau effrayant, que nous transcrivons littéralement de la *Thèse* sur l'appréciation des appareils orthopédiques, *pages* 94-95: « Les effets fâcheux qui pourraient résulter de l'application des pressions sur la poitrine, sont les suivans : l'oppression, les douleurs dues au froissement des parties molles, les pustules et les excoriations de la peau, les palpitations du cœur, la difficulté du retour du sang provenant des parties supérieures du corps; enfin des lésions plus profondes des organes thoraciques ou abdominaux, qui correspondent au siége de la compression, peuvent succéder à une constriction trop forte des pièces d'appareil, ou à une application mal faite de ces mêmes pièces. Il est évident que de pareils accidens doivent *moins* être attribués au moyen en lui-même qu'à la manière dont on en fait usage. Dans un cas, une pression inconsidérée sur la fosse iliaque gauche donna lieu à une gangrène mortelle du colon.

On voit par le mot *moins* qui est ici souligné, qu'il resterait encore assez de chances défavorables ou même mortelles, quand même la manière de faire usage des appareils à pression latérale serait sans reproche. Mais aussi, selon le même auteur, ces accidens ne sont plus à craindre dès que la pression latérale est combinée avec l'extension. Voici ce qu'il dit sur ce sujet, *page* 64 de la *Thèse*: « L'effet immédiat des pressions latérales sur les organes renfermés dans les cavités du tronc, quand ces pressions sont bien dirigées, est de n'être accompagné d'aucun trouble dans les fonctions; certains sujets assurent même éprouver un sentiment de bien-être pendant qu'ils sont soumis aux extensions et aux pressions.... Serait-ce donc à la combinaison de la suspension avec la pression que nous serions redevables de n'avoir donné lieu à aucun accident, pas même au plus léger de tous, la rougeur permanente de la peau. Nous avons vu, au contraire, disparaître pendant le traitement ces changemens de couleur et ces altérations du tissu du derme, que, chez les sujets très décharnés, cause assez ordinairement la pression du corset dans les points correspondans aux saillies des apophyses épineuses, et de l'angle inférieur de l'omoplate du côté de la convexité de la courbure dorsale.

Un seul inconvénient très léger, très facile à supporter, et qui disparaît promptement, accompagne pendant quelques jours notre mode de pression latérale. C'est le même qui est inséparablement attaché à toute pression insolite, quelle qu'elle soit et quel qu'en soit le moyen. Un peu de malaise, un peu de fatigue se font ressentir pendant les premiers jours. Nous accordons aux sujets les plus sensibles des intervalles de repos ; il n'en est pas un qui se soit trouvé assez incommodé pour ne pas pouvoir définitivement supporter l'appareil ; tous y sont accoutumés dans l'espace d'une semaine au plus.

Des effets d'une nature différente viennent se manifester. S'il existe des accidens nerveux, ils commencent à céder dès l'instant que l'appareil est posé. Surpris d'un effet aussi prompt, nous nous sommes appliqués à en rechercher la cause. Il était évident que rien ne pouvait encore être changé dans la situation et dans les rapports des viscères. Cette influence salutaire devait donc tenir à ce que quelques parties du système nerveux se trouvaient, par l'effet de la suspension et de la pression combinées, dans des conditions meilleures. Nous avons parcouru par la pensée les diverses circonstances des déviations de la taille susceptibles d'influer sur l'inervation, et nous avons cru trouver que ce devait être l'état des trous vertébraux des côtes et du canal rachidien. En cela, nous nous sommes rencontrés avec un orthopédiste célèbre du siècle dernier, Levacher de la Feutrie. Nous allons rapporter divers passages de son *Traité du Rakitis*, dans lesquels cette cause est clairement signalée. D'abord, *page* 42 du volume, édition de 1772, après avoir réfuté les opinions des auteurs, tels que Hansen, Glisson, Mayow, Hoffmann, Doloeus, Heister, etc., qui plaçaient la cause des désordres dont les courbures du *rakis* sont accompagnées, dans les sucs nourriciers et dans les organes destinés à la nutrition, il conclut que les nerfs ne sont altérés que conséquemment au *rakitis*. « En parlant des phénomènes que produit la courbure contre nature de la colonne vertébrale, *pages* 205-206, il met au nombre « l'altération des artères, des veines et des nerfs à leur passage par la colonne, quand la courbure contre nature de l'épine *en change le diamètre* ». Il donne plus d'étendue à sa pensée, *page* 210 : « Les translatéraux de la colonne vertébrale, dit-il, par où passent les nerfs spinaux, étant, par le vice de conformation, *plus amples d'un côté*, et plus étroits de l'autre, n'est-il pas nécessaire que les nerfs y soient ou plus à leur aise, ou plus gênés » ? Enfin, *page* 213, à l'occasion de l'immobilité et du rapprochement des côtes du côté concave des courbures, il dit : « Ajoutez à cela que les nerfs qui animent ces parties ne sont pas non plus dans l'état naturel ».

Cette opinion nous paraît admissible en ce qu'elle se fonde sur des faits rationnels irrécusables. Dès qu'il existe une courbure de la colonne à quelque léger degré que ce soit, les vertèbres sont incontestablement plus près les unes des autres, du côté de la concavité que du côté opposé ; or, comme elles concourent entre elles, chacune pour une portion, à la formation des trous latéraux, il s'ensuit que le diamètre de ces trous perd du côté concave par ce rapprochement une partie de son étendue. Ces notions se trouvent confirmées par les faits anatomiques. Il n'existe pas un seul squelette naturel sur lequel ces trous aient conservé leur diamètre ordinaire, et ceux du centre de la courbure dorsale du côté concave, loin de pouvoir admettre à leur passage le faisceau entier des nerfs et des vaisseaux, se trouveraient d'une dimension disproportionnée au volume du nerf seul. Enfin, un degré de redressement de la colonne, tel qu'on peut l'obtenir le premier jour de la pose de l'appareil, suffit pour mettre fin aux accidens nerveux, et si l'on abandonne la colonne à elle-même et que les courbures reviennent à leur premier état, les accidens se renouvellent à l'instant. Cela seul, à défaut d'autres preuves, suffirait pour donner une grande force à notre opinion.

Des effets moins immédiats nous paraissent dépendre indirectement de la même cause. Les fonctions des viscères qui étaient troublées se rétablissent promptement. Chez les sujets qui éprouvaient des accès d'asthme, la respiration devient facile; chez ceux qui avaient des palpitations, la circulation devient régulière; et les individus dispépsiques qui ont la peau flétrie, le teint pâle et terne, qui sont faibles et tristes, arrivent en peu de temps à bien digérer, reprennent de l'embonpoint, une bonne coloration, de la force et de la gaîté. Serions-nous donc blâmés d'attribuer des effets si prompts à l'influence qu'exerce sur le système ganglionaire le degré de liberté rendu aux nerfs vertébraux par le redressement de la colonne? Le régime, par ses qualités et sa régularité, la salubrité de l'air ont sans doute leur part dans ces effets, mais seulement comme conditions favorables, puisque les individus qui se trouvaient dans ces mêmes conditions avant le traitement, n'y voyaient pas leur état devenir meilleur, et qu'ils n'ont recouvré la santé qu'à partir du moment où les flexions de leur colonne vertébrale ont commencé à devenir moins arquées.

Les effets du traitement sur le squelette n'ont de remarquable que leur promptitude et leur stabilité. Dans les inclinaisons récentes il suffit de deux à quatre mois pour obtenir un redressement parfait. Quant à la stabilité, comme elle dépend absolument de l'acte nutritif, elle demande plus de temps : cependant on doit concevoir que chez des sujets pour lesquels la liberté d'exercice est jointe aux meilleures conditions hygiéniques, elle peut être obtenue plus promptement que chez ceux qu'énerve un long repos mal compensé par quelques instans d'un exercice dont la violence peut se trouver disproportionnée à leur force, et augmenter plutôt que diminuer la faiblesse. Ce n'est guère que le huitième ou neuvième mois du traitement, que nous croyons pouvoir dans ce cas livrer complètement la colonne à ses propres soutiens. Cependant l'impatience des parens n'a pas toujours permis d'atteindre ce terme, et nous avons eu la satisfaction d'apprendre qu'il n'y avait point eu de rechûtes. L'âge des sujets n'apporte que peu de différence dans la durée du traitement. S'il est plus facile de redresser les enfans de l'âge de quatre ans à douze, il faut plus de temps pour obtenir chez eux la consolidation. Nous avons vu des femmes de vingt-six ans arriver aussi promptement à pouvoir se maintenir dans l'état parfaitement régulier où le traitement les avait mises que les sujets les plus jeunes.

Dans les déviations qui ont acquis de la fixité, les effets n'ont ni la même rapidité ni la même perfection. On ramène encore assez promptement les apophyses épineuses sur une même ligne perpendiculaire, excepté au point de réunion de l'arc lombaire et de l'arc dorsal, où l'espèce de luxation qui existait, laisse des traces qui ne s'affaiblissent qu'avec beaucoup de temps et ne s'effacent peut-être jamais tout-à-fait. La torsion du corps des vertèbres et les conséquences qu'elle a produites dans la direction et la forme des côtes, du sternum et des clavicules, résistent encore plus longtemps. Il ne faut pas moins de deux à trois ans pour obtenir un résultat passable, qui laisse beaucoup à désirer sous le rapport de la perfection des formes, mais dont la stabilité, si le sujet a atteint son parfait développement, ne saurait être douteuse.

Dans les cas d'excessives difformités, où les parties du squelette portent les unes sur les autres, où des altérations profondes ont lieu, non-seulement dans les vertèbres, les côtes, le sternum, les clavicules, les os du bassin et les extrémités articulaires de ceux même des membres inférieurs, les effets du traitement ne doivent consister en définitive qu'en quelques améliorations toujours importantes, en ce que le rétablissement de la santé les accompagne, mais toujours loin aussi du degré de perfection qui serait à désirer.

Nous avons obtenu dans ce cas même des résultats qui dépassaient nos espérances. Chez une personne de 23 ans, dont le plâtre paraissait avoir été coulé dans un moule pris sur un rocher, le traitement a rétabli les formes humaines, et elle présente maintenant l'aspect d'un sujet affecté d'une forte déviation au deuxième degré. La moitié supérieure de la courbure dorsale se dirigeait, chez elle, horizontalement à gauche, de sorte que la tête était couchée de ce côté. La tête est maintenant replacée sur la ligne médiane, et la colonne vertébrale a pris les courbures d'une *S* tournée à gauche. Les côtes à gauche étaient couchées sur le corps des vertèbres, ce côté de la poitrine présentait un enfoncement profond ; aujourd'hui, les côtes sont en partie relevées, et l'enfoncement a considérablement diminué. Son bassin offrait une déformation dont, à notre connaissance, personne n'a encore parlé. L'os sacrum avait éprouvé un mouvement de bascule sur son sommet, par une sorte de luxation incomplète des articulations sacro-iliaques ; sa base dépassait en arrière le niveau des épines postérieures des os des îles ; les vertèbres lombaires avaient suivi ce mouvement, et formaient une saillie à la place de leur courbure normale. Cette courbure s'est parfaitement rétablie, l'os sacrum a repris sa place, et la région du bassin, à cela près d'un reste d'inclinaison à droite, n'offre plus la moindre irrégularité. Il est permis de croire que ces effets deviendront stables, si le traitement est continué jusqu'au point où les progrès vers le mieux cesseront. Dans ce cas comme dans ceux qui précèdent immédiatement, il faut d'abord tenir compte de l'obstacle que le traitement a mis aux progrès du désordre, et au développement des conséquences fâcheuses qui en seraient résultées, et, en y joignant les améliorations obtenues, on trouvera que nous avons remporté un avantage immense, dont, il est vrai, nous pourrons, s'il survient une cause profondément débilitante, perdre quelque chose à la longue, mais qui ne sera, nous le croyons, jamais complètement perdu.

Le traitement produit sur les muscles du tronc un effet passager, salutaire, mais en même temps désagréable à la vue ; il consiste dans un développement des muscles du tronc, et particulièrement de ceux de la colonne, relativement plus considérable dans les points des régions qui répondent aux convexités des courbures. Comme avant le traitement, cette inégalité de volume disparaît dans le dépérissement général du système musculaire, comme on ne peut non plus l'observer sous l'influence du traitement par extension, et encore moins après la mort de sujets qui ont généralement succombé à la suite d'une maladie chronique. Les opinions sur ce fait ont été partagées; mais notre traitement le met dans une si grande évidence, que le doute, pour quiconque veut bien se donner la peine d'observer, ne saurait subsister un instant.

Cette inégalité existe chez tous les individus dont la colonne est déviée pour peu que ce soit. L'inaction des muscles du côté de la concavité des courbures, a dû y déterminer leur dépérissement, tandis que ceux du côté des convexités employés continuellement à lutter contre l'action du poids des parties supérieures, acquièrent dans cet exercice, qui ne leur était pas dévolu dans l'état régulier, un surcroît de volume proportionné à l'ancienneté de la déviation, et au degré de courbure des arcs de la colonne; mais elle est peu apparente, et se confond avec les autres inégalités produites par le déplacement des pièces du squelette. Elle devient très sensible après quelques semaines de traitement. Cela tient en partie à ce que le développement général du système musculaire est moins rapide dans les muscles détériorés par le repos, et d'un autre côté, au redressement des courbures.

Cette dernière circonstance a pour effet le rapprochement des points d'attache des muscles du côté des convexités des courbures, le redressement de leurs fibres et leur rétraction, ce qui, joint à la nutrition plus active que leur procure l'excès d'exercice, détermine chez eux une augmentation de volume tel, qu'il semble que la guérison n'a point fait de progrès, et une si grande consistance que, lorsqu'ils sont contractés, ils ont en apparence la dureté des os. Ainsi, lorsque le traitement est terminé, que toutes les vertèbres sont bien symétriquement empilées les unes au-dessus des autres, que le reste de la charpente de la poitrine est rentré dans l'état normal, il existe encore par cette cause un défaut de proportion qu'on n'observe pas à la suite du traitement par l'extension. A peine, en effet, en aperçoit-on quelques traces dans les dessins d'écolier publiés par le docteur Delpech.

La durée de cet effet se prolonge longtemps après la guérison. Ce n'est guère, à la suite des difformités les plus légères, qu'au bout d'un an qu'il disparaît entièrement. Jusques là les sujets conservent, s'ils ont eu une déviation à droite, un excès de volume dans les muscles de la partie latérale gauche du bassin, des lombes et du cou, et dans ceux de la partie latérale et postérieure droite de la poitrine. De plus, quoique les deux omoplates soient sur le même niveau, à égale distance des apophyses épineuses, celui de droite étant séparé des côtes par une plus grande épaisseur de muscles se trouve un peu en arrière.

Il est évident que dans ce cas l'art n'a rien à faire, et que la cause qui avait déterminé cette différence de volume des muscles ayant cessé d'agir, l'égalité de proportion doit tôt ou tard se trouver rétablie. C'est effectivement ce que nous avons toujours vu arriver dans les cas où le redressement avait pu être complet. Nous avons même observé que cet état des muscles influait sur sa perfection. Quelques sujets sont sortis de nos mains, chez lesquels la colonne n'était pas encore parfaitement redressée, et nous les avons vu perdre ce qui restait de leur difformité, par le seul fait de l'inégalité de force de l'action musculaire.

Il nous reste à parler de trois effets très remarquables; d'abord, de l'augmentation considérable du volume du bras gauche chez les personnes dont la déviation est à droite.

Ce bras, assez généralement plus petit que l'autre, présente dans les cas de déviation de la taille une différence dans sa circonférence qui est quelquefois de cinq lignes. Nous avons vu, dans l'espace de deux mois, cette différence en moins disparaître et être remplacée par une différence en plus de sept lignes. Nous avons naturellement été conduits à attribuer ce changement au rétablissement de l'inervation. En second lieu, la suspension de l'écoulement menstruel pendant les deux premiers mois du traitement. Cet effet n'a point encore jusqu'à présent éprouvé une seule exception. Nous demandons si ce ne serait point au profit de l'organisme dont le développement est si considérable à cette époque que le sang serait retenu. En dernier lieu, d'une singulière confusion dans la situation des apophyses épineuses de toutes les vertèbres que nous avons observée plusieurs fois sur des sujets presque parvenus à la fin de leur traitement : c'était à l'époque de leur menstruation. Nous avions vu la veille toutes les apophyses épineuses régulièrement placées les unes au-dessus des autres sur une ligne presque droite, et le lendemain, nous les avons trouvées dans une étrange confusion, les unes à droite, d'autres à gauche, et quelques unes restées sur la ligne. Les règles étaient venues dans l'intervalle d'une visite à l'autre. Un semblable effet ne pouvait venir que d'un affaissement subit des fibro-cartilages à la suite duquel le sommet des apophyses, portant d'abord l'un sur l'autre, aurait fini par glisser dans un sens ou dans l'autre selon qu'il y aurait été déterminé par la disposition des surfaces en contact. Dans tous les cas, un jour a suffi pour que tout soit rentré dans l'ordre ordinaire.

RESUMÉ.

La possibilité du redressement des déviations de la taille dans la station, lorsque l'affection était un peu ancienne, semblait être un problème insoluble. Tous les moyens imaginés pour obtenir ce résultat ont été abandonnés comme insuffisans ou tout-à-fait inutiles. Ceux que nous avons inventés ont atteint ce but si désirable, sans avoir failli une seule fois, si ce n'est dans un cas où le sujet, d'une constitution naturellement molle, avait encore été affaibli par neuf mois d'extension sur un lit mécanique.

Par la combinaison du mode d'action de notre appareil avec une gymnastique spéciale, nous avons abrégé de beaucoup la durée du traitement des cas curables par les autres moyens, et nous avons pu obtenir en quelques mois des résultats qu'on n'obtenait qu'incomplètement dans l'espace de plus d'une année.

Le défaut de probabilité du moindre succès dans les déviations anciennes et graves, excluait les malheureux arrivés à ce degré du bienfait de l'orthopédie, et les condamnait à rester dans l'état d'infirmité où ils étaient parvenus, ou bien, comme cela est souvent arrivé, si l'immobilité n'était qu'apparente, à se courber encore plus profondément. Nous avons démontré, et nous pouvons toujours le faire, que, dans des cas semblables, il était encore possible d'obtenir des avantages d'autant plus importans, qu'au rétablissement partiel des formes se joignait constamment l'amélioration de la santé.

Le rétablissement des fonctions organiques si ordinairement dérangées chez les individus affectés de déviations de la taille, et qu'on est si loin d'obtenir par l'extension, a toujours, jusqu'à présent, été un des effets les plus remarquables de notre traitement, et l'amélioration de la santé, obtenue par son influence, n'a point ensuite éprouvé de diminution.

Tous les individus traités par l'extension, pour peu que leur affection ait eu quelque gravité, et que leur séjour sur le lit se soit prolongé, sont astreints, après le traitement, à l'usage des supports artificiels. Ceux qui ont été traités par nous n'ont eu besoin jusqu'à présent, pour se soutenir, que de leurs supports naturels.

Enfin, au lieu d'avoir eu à déplorer des rechûtes, nous avons eu la satisfaction de voir que, même les individus dont le redressement laissait encore quelque chose à désirer, quoique ayant cessé leur traitement, ont, par l'effet des conditions qu'il avait établies dans leur organisation, complété eux-mêmes leur guérison.

CONCLUSION.

En publiant ce Précis, nous n'avons pas espéré qu'il suffirait pour faire naître la conviction dans l'esprit de ceux de nos confrères qui n'ont pu, à cause de leurs occupations ou de la distance, l'acquérir par leurs yeux, et pour lesquels il est cependant destiné; mais que s'ils voulaient bien le lire, l'exposé simple des faits qu'il renferme pourrait les engager à saisir les occasions qui se présenteraient d'en vérifier l'exactitude. En ce qui touche aux intérêts de l'humanité, le doute pour un médecin n'est permis qu'autant qu'il n'existe pas de moyen d'en sortir; y rester volontairement serait plus que de l'indifférence. Nous disons que, par de nouveaux moyens et une nouvelle combinaison, nous avons abrégé la durée du traitement des déviations de la taille, que nous en avons fait disparaître les inconvéniens, que ses effets peuvent s'étendre avec un grand avantage jusque sur les déformations les plus considérables, et qu'après qu'il est terminé les rechûtes sont rarement à craindre. Ces faits sont donc de ceux qu'il importe de constater. Aussi tous les médecins et chirurgiens, qu'aucun obstacle insurmontable ne retenait, se sont-ils empressés de le faire, et ils nous ont ensuite honorés de leur confiance. Nous ne doutons pas que ceux pour lesquels nous avons écrit, lors même que des circonstances de temps ou d'éloignement ne leur permettraient pas de suivre dans ses détails l'application de notre traitement, ne saisissent les occasions d'en connaître les résultats d'une manière positive. Leur clientelle leur en fournirait tôt ou tard les moyens, et s'ils venaient à en profiter, nous aurions atteint notre but.

FIN.

BIBLIOTHEQUE ROYALE

Paris, Lottin de St-Germain, Imprimeur, rue de Jérusalem, 3.

TABLE.

BIBLIOTHÈQUE NATIONALE
R.F.
IMPRIMÉS

www.ingramcontent.com/pod-product-compliance
Ingram Content Group UK Ltd.
Pitfield, Milton Keynes, MK11 3LW, UK
UKHW022119260726
13993UKWH00003B/1118

9 782329 159317